BAOBAB

B A O

B A B

BETH MOON

MUSEO ÉDITIONS

SOMMAIRE

MADAGASCAR

Coupée du reste du monde, cette ancienne île de l'océan Indien séduira même le globe-trotter le plus aguerri. Terre de panoramas infinis et de forêts luxuriantes, Madagascar se caractérise par sa faune et sa flore unique, par la gestuelle grandiose et dramatique des branches recourbées des baobabs, ainsi que leur tronc extravagant et gargantuesque.

À travers les millénaires, le baobab se tient engagé et présent, un alchimiste vêtu de feuilles et d'écorce, nous rappelant que la beauté vient avec l'âge.

Lorsque les Malgaches parlent du baobab, ils le font avec respect, les yeux tournés vers le haut, car les cadeaux qu'il offre sont nombreux. Il abrite, nourrit et guérit tout le monde.

Après de longues heures sous le chaud soleil africain, plissez les yeux et vous verrez un groupe hétéroclite de titans grisonnants ressemblant à des pots à lait, des théières et des vases à fleurs. Mais attention à ne pas rester trop longtemps dans la forêt. Le baobab vous envoûtera.

Ce qui suit est le récit de mon voyage sur cette île exotique où la magie, la beauté miraculeuse et certains des plus vieux arbres existent.

En janvier 2016, un coup de tonnerre s'est fait entendre. L'un des plus vieux arbres d'Afrique, le baobab de Chapman, s'était effondré. Les souvenirs de ma visite à l'arbre deux ans plus tôt ont inondé mon esprit. C'était difficile à croire : l'arbre avait l'air si fort et si sain.

Puis, en juin 2018, des titres choquants ont commencé à apparaître dans les médias mondiaux.

La dernière marche des « éléphants de bois » :
Les anciens baobabs d'Afrique sont en train de mourir.
– *The New York Times*

Les baobabs sont les plus anciens et les plus beaux arbres d'Afrique, mais ils sont menacés.
– *The Independent*

La mort choquante et dramatique de baobabs africains géants pourrait être liée au changement climatique.
– *The Daily News*

Le guide qui m'avait conduite à divers endroits du Botswana m'écrit pour me dire que les arbres sous lesquels nous avions campé sur l'île de Kubu se sont effondrés. « Du groupe d'arbres du côté nord-est, au moins deux sont tombés », rapporte-t-il.

Adrian Patrut, professeur de radiochimie inorganique à l'université Babes-Bolyai (Roumanie), et son équipe ont réalisé une datation au carbone 14 des arbres les plus grands et les plus anciens de l'hémisphère Sud au cours de la dernière décennie. Le professeur Patrut et moi-même partageons des informations sur les arbres depuis plusieurs années.

Le 3 novembre 2018, je reçois un courriel de lui me disant qu'il a reçu des nouvelles de Madagascar. Il écrit : « Le Tsitakakoike, **le plus grand baobab sacré**, s'est fendu et a basculé il y a plusieurs jours. »

En pensant à ces arbres, l'anxiété m'envahit. Comment puis-je ignorer l'avalanche d'informations qui me sont adressées ? Est-ce que j'avance dans l'indifférence ? Les nuits sans sommeil indiquent le contraire.

Le « Tsitakakoike » en novembre 2013. Photographie d'Adrian Patrut.

6 décembre 2018

Il est facile d'ignorer le chagrin à distance, mais cette fois, je ne peux pas flancher et détourner le regard.

J'effectue une réservation pour me rendre à Madagascar afin d'aller voir l'arbre Tsitakakoike et lui dire au revoir. Adrian me presse de m'y rendre rapidement. Ce qui reste de l'arbre va certainement bientôt tomber. Il n'y a aucun moyen de prédire combien de temps cela prendra.

En déplorant la perte d'un arbre – un être non humain – nous élargissons le champ de ce que nous pleurons traditionnellement. Le chagrin peut nous inciter à agir.

La mémoire est la force qui sous-tend la prise d'une photographie, un acte de défi qui nous permet de ne pas oublier. Identifier chaque arbre est une façon de se souvenir. La répétition peut ressembler à un rituel.

La présence des vieux arbres me rappelle qu'il y a encore de la grâce et de la beauté dans le monde. En honorant les arbres qui restent, nous célébrons la joie et la splendeur de la terre. De telles pensées me font passer du chagrin à l'espoir.

Je prépare les affaires essentielles qui tiendront dans un petit bagage à main en plus d'un sac à dos pour l'équipement photographique. Je glisse autant de barres protéinées et de boîtes de sardines que je peux dans l'espace restant. Pour la protection contre les moustiques, je vaporise les vêtements de chaque côté d'un insectifuge résistant à la jungle. Cette protection durera trois semaines.

Il n'y a pas beaucoup de temps pour une planification approfondie. Je prévois trois semaines et j'espère que cela sera suffisant. Il est difficile d'estimer les temps de conduite sans connaître les routes et les conditions. Une recherche rapide montre qu'il y a plus de mille cent trente kilomètres entre l'aéroport et Morombe, le plus grand village près de l'arbre, et que le temps de conduite est de vingt et une heures. En me rappelant l'état des routes lors de mes précédents voyages, je pense que ce temps est largement sous-estimé.

On me donne les coordonnées d'un guide qui vit dans la capitale, Antananarivo, la ville où j'arriverai en avion. Il est d'usage qu'un guide travaille avec un chauffeur. Je prends rendez-vous avec les deux hommes tôt le matin de mon arrivée.

Un pèlerinage peut être décrit comme un voyage physique vers un objectif spirituel. Mon voyage commence par de multiples correspondances aériennes et vingt et une heures de route. Il me faudra cinq jours de voyage avant d'arriver dans le petit village de Morombe, sur la côte sud-ouest de l'île.

Je suis en pèlerinage pour rendre visite à un arbre.

Les arbres de **l'allée des Baobabs** à Morondava n'ont cessé de frapper mon imagination et ont été la raison de ma première visite à Madagascar, en 2006. Leurs troncs, tels de puissants piliers, s'élèvent jusqu'à des hauteurs troublantes, contrairement aux baobabs d'autres espèces.

Une autre destination remarquable, proche de l'allée des Baobabs, où j'ai photographié une paire d'énormes baobabs (*Adansonia rubrostipa*) enlacés et inséparables, connus sous le nom :

« les Amoureux ».

Au cours de ce voyage, j'ai également fait un court trajet en avion de la capitale du pays jusqu'à Tuléar pour visiter un arbre exorbitant en forme de théière, connu sous le nom de « la théière de Ifaty ».

Ces arbres semblaient si forts et invincibles. Je n'avais jamais compris que j'allais écrire sur la mort de beaucoup d'entre eux au cours de ma vie.

Lundi 7 janvier 2019

Je prends l'avion de New York à Londres, de Londres à Nairobi, puis de Nairobi à Antananarivo.

Madagascar est connue pour avoir les noms de personnes et de lieux les plus longs. Il n'est pas surprenant qu'ils soient si longs – chaque nom contient beaucoup d'informations descriptives. Par exemple, Andrianatompokoindrindra signifie « le petit-fils du prince qui n'est envieux de personne ».

Plus long encore, Andrianampoinimerinktommpokoindrindra, le nom d'un roi du XIXe siècle, se traduit par « le prince qui a été mis au monde par Imerina et qui est mon véritable seigneur ». À noter qu'il s'agit d'une version abrégée de son nom original.

Même les Malgaches ont du mal à supporter la longueur de certains noms. Il est donc compréhensible que la capitale du pays, Antananarivo, soit souvent raccourcie en Tana.

Jeudi 10 janvier

Après une nuit passée à Tana, je rencontre mon guide, Jean-Michel Leong Pock Tsy, un biologiste spécialiste de la conservation. C'est un homme corpulent aux traits arrondis. Son regard est direct et il rit souvent. Sa mère est Française et son père est Malgache. Nous avions échangé des courriels pour organiser ce voyage.

Leong a engagé un chauffeur pour nous accompagner. Le nom du chauffeur est Rakotonarivomandrisoa Harison. J'essaie à plusieurs reprises de prononcer son nom, mais les deux hommes me regardent, secouent la tête et répètent le nom. De toute évidence, il me manque une inflexion importante. Je suis soulagée quand on me dit que je peux l'appeler Reevay.

Les deux hommes vivent dans la capitale du pays. Ils ont loué un véhicule 4 x 4 pour notre voyage. Nous prenons la route à huit heures du matin et commençons à rouler vers le sud. Notre destination, l'extrême pointe sud-ouest de l'île, est distante de mille cent trente kilomètres et implique deux nuitées en cours de route.

Lorsque je commence à converser avec Leong, je réalise que sa compréhension de l'anglais est limitée. Il répond à chaque question par un amical « Yes ! ». Nos échanges de courriels m'avaient laissé croire qu'il parlait parfaitement l'anglais, mais il ne parle que le français et le malgache. J'apprendrai plus tard que sa femme, qui parle couramment l'anglais, l'avait aidé à écrire pendant que nous planifiions les détails du voyage. Ma connaissance du français est au mieux basique, alors pour surmonter la barrière de la langue, nous avons parfois recours à une forme de charades ou de diagrammes.

Après douze heures de route, nous nous arrêtons pour la nuit à Fianarantsoa.

Vendredi 11 janvier

De Fianarantsoa, nous nous rendons à Tuléar. Les pluies ont transformé des sections de la route en petites vallées inondées. Il est difficile de dire à quel point l'eau est profonde. Leong sort de la voiture et patauge au milieu pour déterminer le chemin à suivre.

Il faut envisager des détours à cause des grosses branches qui bloquent le chemin. À l'un de ces endroits, deux garçons se précipitent pour offrir leur aide. Ils sont récompensés par quelques pièces de monnaie, nous les remercions et partons. Au moment où nous partons, le rétroviseur montre les garçons en train de remettre la branche en place pour bloquer la route à la prochaine voiture. Nous tombons sur quatre autres branches d'arbres tombées au sol où une aide similaire est offerte.

De petites rivières gonflées rendent notre progression plus difficile. La pluie et la boue ajoutent quatre heures supplémentaires à un trajet déjà long. Nous continuons à ce rythme beaucoup plus lent, prenant des routes alternatives lorsque l'eau est trop profonde, et arrivons à notre hôtel peu après onze heures.

Encore une longue journée de route, de Tuléar à Morombe.

Cinq jours après avoir quitté New York, j'arrive à ma destination, un petit village côtier endormi, rarement visité par les étrangers. Morombe est un mot malgache qui signifie « vaste plage ».

À dix minutes du village, nous trouvons notre petit hôtel, tenu par Laurette, une sympathique jeune femme malgache. Six chambres sont construites autour d'une cour centrale, et il y a un jardin avec des herbes et des légumes à l'arrière. Laurette a une connaissance approfondie des herbes médicinales.

Samedi 12 janvier

Je me réveille dans un nouveau paysage aux couleurs vives accentuées par le soleil. La région sud-ouest de Madagascar a souffert du manque d'eau. Les habitants n'ont pas vu de pluie depuis trois ans et demi. Par coïncidence, le jour de mon arrivée, tombe une pluie torrentielle. Dans un pays si imaginatif, les explications peuvent faire appel à la magie. Leong me dit que les habitants croient que mon apparition dans le village est un heureux présage et la raison pour laquelle la pluie est arrivée.

Nous partons tôt le lendemain matin pour la forêt. Le trajet dure environ une heure et demie. Des nuages se forment rapidement. La chaleur atteint 32 °C et augmentera au fur et à mesure que la journée avance. Seuls les vêtements les plus légers peuvent être supportés.

Nous roulons une heure vers le sud sur des routes larges et nous nous arrêtons dans le petit village d'Isosa. Là, nous demandons de l'aide à deux hommes ayant une connaissance approfondie de la forêt pour nous guider vers l'arbre mourant. Des chemins de terre étroits et sinueux mènent à la forêt.
Les hommes utilisent des machettes dans les zones enchevêtrées et envahies par la végétation.

J'écoute très attentivement, essayant de capter des mots familiers pour comprendre ce qui se passe. La langue malgache accentue les inflexions. J'entends des grognements graves et des bavardages rapides, tandis que les hommes décident de la direction à prendre. Le voyage est lent sur la route sinueuse et jonchée de rochers. Lorsque nous approchons de ravins remplis d'eau, les hommes marchent devant pour tester la profondeur de l'eau et diriger le conducteur. Une zone, alors que nous entrons dans la forêt, est particulièrement profonde. Le 4 x 4 s'embourbe. De nombreuses tentatives sont faites pour sortir le véhicule de là. Des branches de buissons voisins sont placées sous les pneus, sans succès.

Chaque homme qui passe offre son aide. La vie à Madagascar est centrée sur la communauté, et tout le monde est heureux de participer. Après quatre heures et les mains de nombreux hommes, avec un dernier soulèvement, la voiture est libérée de la mare. Je compte plus de quarante hommes couverts de boue. Mais ce n'est pas un souci, car de profondes poches d'eau leur servent de lieu de rinçage et, avec la chaleur, ils seront secs en un rien de temps.

De retour à l'hôtel, la chaleur est oppressante, l'humidité insupportable, et le décalage horaire a raison de moi. Le voyage d'aujourd'hui a prouvé qu'une voiture ne pourrait pas entrer dans la forêt tant que les routes n'auront pas séché. De la pluie est prévue pour les dix prochains jours. Il n'y aura aucun moyen de retourner dans la forêt demain. Avec cette prise de conscience, une réalité surréaliste s'installe, et le désespoir suit.

Je cherche des réponses auprès de Leong. « Que pouvons-nous faire ? »
Il baisse la tête. Il la secoue en grimaçant.

Je suis complètement hors de ma zone de confort ; le manque de sommeil, la chaleur inépuisable et la barrière de la langue m'ont poussée à bout. Mon esprit s'emballe. J'ai recours au brainstorming. Je pense à tous les types de véhicules en mouvement. Il y a tant de choses qui échappent à mon contrôle.

Je suis absolument et complètement perdue.

> *Se perdre, c'est être pleinement présent, et être pleinement présent, c'est être capable d'être dans l'incertitude et le mystère. On ne se perd pas mais on se perd soi-même, ce qui implique qu'il s'agit d'un choix conscient, d'un abandon choisi, d'un état psychique à travers l'espace. L'inconnu pour vous est généralement ce que vous devez trouver et le trouver nécessite de se perdre.*
>
> – *Rebecca Solnit*

La seule façon d'avancer est de se rendre. Je commence par accepter ce que je ne sais pas. J'essaie de laisser ces pensées circuler en moi. Je n'ai jamais été bonne à ça avant, mais maintenant je n'ai pas d'autre choix.

Dimanche 13 janvier

Avec la lumière du matin, de nouvelles possibilités apparaissent. Une pensée se détache des autres. Je pense au gros bétail africain que j'ai vu sur le bord de la route en venant de l'aéroport.

Au petit-déjeuner, j'interroge Leong sur ces animaux. Je fais un dessin pour lui montrer.

« Zébu », me dit-il.

Je lui demande : « Est-ce qu'on peut aller dans la forêt avec une charrette tirée par des zébus ? »

Je le désigne, me pointe du doigt puis le dessin du zébu.

Il me regarde, perplexe. « Un zébu ? » Il répète : « Une charrette tirée par un zébu », comme s'il réfléchissait à l'idée.

Puis il rejette la tête en arrière en riant. « Une limousine malgache ! On essaie », dit-il.

Nous prenons la journée pour nous préparer et allons à Morombe pour nous approvisionner. **Le marché** se trouve au centre du village, sur un chemin de terre. Il y a des bacs où sont exposés des légumes assortis, des épices et de grands sacs de riz. Les femmes âgées sont assises à l'écart pendant que leurs filles s'occupent des transactions.

Je vois de **longues bandes d'écorce de baobab** suspendues au plafond. On s'en sert pour faire des paniers, des cordes et des toits.

On nous donne de vieux sacs de riz pour faire des imperméables ressemblant à des ponchos. Nous avons la chance de trouver une grande feuille de plastique pour recouvrir le dessus du chariot et des sacs lourds pour protéger mon équipement photo de la pluie et de la poussière.

Après le marché, nous retournons au village d'Isosa. J'attends dans la voiture avec Reevay pendant que Leong parle aux hommes qui ont des zébus. Il demande qui pourrait être disponible pour nous emmener dans la forêt le lendemain.

Lundi 14 janvier

Au petit-déjeuner, je veux peaufiner les détails avec Leong et m'assurer que nous nous comprenons bien.

Il dit : « Nous allons à la Cité des Deux Hommes ». Je comprends que cela signifie que nous irons dans le même village où nous nous sommes arrêtés la veille, où il s'est arrangé avec deux hommes avec une charrette à zébu. Je hoche la tête en signe d'accord.

Nous arrivons avant neuf heures du matin. Isosa est l'un des rares villages à avoir accès à un puits, bien que l'eau ne soit pas potable. Le village est composé d'une vingtaine de huttes aux toits pentus, certaines construites presque entièrement en paille, d'autres avec de solides murs en terre. De l'autre côté de la route, je vois de nombreuses chèvres qui s'entassent sous le prolongement d'un toit, pour se protéger de la pluie.

Reevay et moi attendons dans la voiture pendant que Leong cherche les hommes qui ont accepté de nous emmener dans la forêt. Alors que Leong revient vers la voiture, je remarque qu'il ne me regarde pas dans les yeux mais baisse la tête et après une longue pause, il dit : « Pas de zébu aujourd'hui. » Il lève les bras de chaque côté, comme s'il voulait dire : « Que puis-je faire ? »

« Il pleut, les zébus doivent planter le riz. » On dirait que les hommes ont changé d'avis. J'imagine qu'ils ont besoin de leurs bêtes pour labourer la terre.

Nous nous asseyons dans la voiture en silence. Nous sommes sur le point de retourner à Morombe quand je vois du mouvement derrière l'une des huttes. Je plisse les yeux pour regarder de plus près et je vois qu'il y a quelques zébus au loin.

« Regarde, Leong ! Zébu ! » Je montre du doigt. « Nous devons demander à ces hommes. »

Bientôt, Leong revient à la voiture en souriant. Il a conclu un nouvel accord. Les hommes commencent à préparer la charrette pour notre voyage.

Dans les régions d'élevage du sud et de l'ouest, les zébus sont marqués pour indiquer leur propriété. Un motif est découpé dans l'oreille pour identifier le clan qui le possède. Cette empreinte du clan (sofindrazana) est appelée « l'oreille ancestrale ».

Reevay a une feuille de plastique lourd à l'arrière de la voiture. Il coupe quatre branches et en attache une à chaque coin de la charrette pour soutenir le morceau de plastique, qui va par-dessus, faisant ainsi un toit étanche à la pluie.

Trois hommes ont accepté de nous accompagner dans la forêt. Rekeve est le conducteur. Tsimizaotra, son père, est un conducteur de secours et aide à dégager les chemins. Mbohirahy est chargé de la sécurité. Je suis effrayée à la vue de son fusil, mais Leong explique qu'il y a eu des échos sur de dangereux bandits dans la région. Avec une présence policière faible ou inexistante, les villageois ont appris à se protéger eux-mêmes.

À tort, j'associe le mot bandits aux personnages des dessins animés que je regardais dans ma jeunesse. Ce terme ne m'inspire pas la peur appropriée. Heureusement, je n'apprendrai qu'après mon retour à quel point les Dahalo qui opèrent dans les zones rouges du sud de Madagascar sont dangereux. Il a été rapporté que ces voleurs de bétail armés enlèvent des femmes et utilisent des personnes comme boucliers humains, sans que la police intervienne, ou peu.

Notre groupe est maintenant composé de six personnes avec une petite charrette, bien que Tsimizaotra et Mbohirahy marchent la plupart du temps, en surveillant la forêt. Les zébus sont des animaux prodigieux, foulant l'eau et la boue sans difficulté.

La forêt semble s'étendre sur un paysage de vallées vastes et étroites. Nous nous arrêtons pendant que les hommes discutent des meilleurs chemins à prendre. L'humidité flotte dans l'air et les feuilles vertes scintillent.

Nous sommes à l'étroit dans la charrette pendant les périodes de fortes pluies. Lorsque le chemin devient très exigu au milieu des broussailles, je suis giflée par des branches chargées d'insectes et de pluie, car je suis la première passagère derrière le conducteur. Mais je ne veux pas changer de place dans la charrette, car la vue est dégagée, et c'est le plus important. Les fréquentes averses sont exubérantes, et nous nous retrouvons soudain entourés de géants imposants.

Plus loin, la forêt s'ouvre sur de larges panoramas et les plus grands arbres sont visibles. Je lève les yeux en silence, enchantée par la beauté de ces baobabs de taille considérable, qui dominent tous les autres arbres. Chaque nouveau tournant est un émerveillement. L'étendue de la forêt et la beauté des arbres me touchent profondément. Heureusement, la pluie s'est arrêtée pour l'instant.

Madagascar abrite **six espèces endémiques** de baobabs : *Adansonia grandidieri*, *Adansonia madagascariensis*, *Adansonia perrieri*, *Adansonia rubrostipa*, *Adansonia suarezensis* et *Adansonia za*. Les recherches ont montré une grande variation entre les espèces. Certains arbres sont courts et gros, d'autres robustes et cylindriques, et d'autres encore ont des troncs longs et élégants avec des touffes de branches au sommet. Tsitakakoike est un **baobab de Grandidier**.

Les hommes recommencent à parler, et je sens que nous sommes proches de notre destination. L'arbre partiellement tombé est si grand qu'il est visible de très loin.

L'étonnement et l'horreur s'installent lorsque Tsitakakoike arrive en vue. La moitié de l'arbre s'est effondrée ; une partie des côtés et de l'arrière du tronc est restée. Des branches gigantesques, plus grosses que la plupart des arbres, gisent en désordre à la base du tronc. L'ensemble du spectacle est de la taille d'un terrain de football.

De là où nous nous trouvons, nous avons un aperçu de l'étonnante métaphore que présente cette vision : au milieu des débris, il reste quelques feuilles d'un vert éclatant, signe fragile et éphémère de vie. Je contemple avec horreur la tragédie qui se déroule devant moi. La détérioration est grandiose et tout est si difficile à comprendre.

Le tronc cassé dévoile le **cœur de l'arbre**.

Le bois de cœur, par définition, est la partie centrale plus ancienne et non vivante de l'arbre, généralement plus foncée et plus dure que l'aubier plus jeune. Sa principale fonction est de soutenir l'arbre.

Le bois de cœur ne pouvait plus supporter l'arbre.
La main sur mon cœur stabilise les battements de ma poitrine.
Les mots de Jane Hirshfield me viennent à l'esprit.

Aujourd'hui, pour certains, un univers va disparaître.
D'abord bruyamment,
puis un autre silence.

Le silence de *l'après*, une fois que le théâtre s'est vidé.

De la confusion après le glacier,
l'espèce, l'étoile.

Quelque chose d'autre, dans l'échelle des choses qui s'accélèrent,
le remplacera,
Le trou de lumière dans la lumière, les oiseaux perplexes qui
tournent autour.
– *"Today, Another Universe"*

Today, for some, a universe will vanish.
First noisily,
then just another silence.

The silence of after, *once the theater has emptied.*

Of bewilderment after the glacier,
the species, the star.

Something else, in the scale of quickening things,
will replace it,
The hole of light in the light, the puzzled birds swerving
around it.
–*"Today, Another Universe"*

Des piquets entourent l'arbre, **une frontière magique** qui sépare du monde extérieur. C'est un cercle de protection et de respect qui assure la sécurité de l'arbre sacré. Personne ne peut pénétrer dans cet espace autour de l'arbre sans autorisation.

Nous sommes accueillis par **Botiharo, le chef d'Andombiro**. Il a été choisi pour ses prouesses et sa force de caractère. C'est un homme curieux aux yeux souriants. Les plis les plus profonds de son visage sont des rides de rire. Leong explique pourquoi nous sommes ici et me présente. Nous demandons à Botiharo la permission de photographier l'arbre sacré.

Leong me demande si je veux prendre une photo avec le chef. Il brandit son téléphone et nous demande de le regarder. Au moment où la photo est sur le point d'être prise, le chef m'attire plus près de lui et bascule sa tête en arrière avec un air dramatique, cigarette à la main. Le côté théâtral de ce geste me fait rire. Son humour enjoué est un soulagement bienvenu, ajoutant un sentiment de joie à ce moment.

Les habitants des villages environnants appartiennent au groupe ethnique des Masikoro. Les traditions peuvent varier selon les tribus, mais l'importance des ancêtres (*razana*) est universelle sur l'île. Ils sont la source d'où jaillit la force vitale. Si l'on se souvient des *razana*, ils veilleront sur les membres de la famille en leur accordant bénédiction et les guideront dans leurs décisions.

Imprégnés d'une religion ancestrale profondément ancrée, mêlée à des croyances animistes, les Masikoro croient que les esprits de leurs ancêtres résident dans le Tsitakakoike. L'arbre concentre un pouvoir sacré.

Leong m'explique qu'avant de pouvoir prendre des photos de l'arbre, le chef doit obtenir la permission des anciens. Le chef sert d'intermédiaire entre les membres de la tribu et les esprits de l'arbre, qui, selon la croyance, exigent des offrandes ou des récompenses en échange de leur aide. Nous avons apporté des cadeaux : une bouteille de rhum et un sac de feuilles de tabac.

Tous les gens du village commencent à se rassembler, à l'ombre de l'arbre tombé. Pendant que nous attendons, je vois le chef glisser une pincée de tabac entre deux racines près du tronc. Il s'arrête une minute, baisse les yeux et caresse les racines comme s'il touchait la main d'un vieil ami. Un lézard observe depuis l'ombre.

Le chef prend place et commence l'invocation. Il oint l'arbre vénéré en aspergeant le tronc de rhum pour invoquer la présence ancestrale.

Il commence : « Vous, dieux, vous, ancêtres et anciens d'Andombiro, voici une visiteuse étrangère qui vient à votre rencontre avec respect. Acceptez-la et aidez-la dans son travail. Aidez aussi les gens du village d'Andombiro pour que rien ne nous arrive. Apportez-nous quelque chose à manger, de la pluie pour nos plantations, et que toute maladie quitte notre village. Par ces offrandes, vous, ancêtres d'Andombiro, je vous le demande ». Il termine en demandant protection contre les bandits. Puis il remplit le bouchon de rhum, et nous buvons tous.

Il est normal qu'un arbre de cette taille ait un nom long. Tsitakakoike qui veut dire littéralement « si l'on fait un cri, on n'entend pas l'écho dans l'autre face », en référence à ses énormes dimensions.

Au-dessus de nous, le ciel est gris, chargé de lourds nuages. Je pose mon appareil photo sur un trépied. Derrière l'arbre, la couverture nuageuse est plus légère. Le soleil a du mal à percer. Et puis, pendant un bref instant, des éclats de soleil pénètrent juste assez pour illuminer ce qui reste de la couronne, créant un halo doré autour de l'arbre. Cela me rappelle les peintures du Moyen Âge dans lesquelles la divinité est symbolisée par la lumière.

Et dans ce moment de splendeur, mes pensées s'élargissent, et je ressens la présence non seulement de l'arbre, mais de toutes les choses dans un univers où tout fonctionne ensemble dans un monde de relations symbiotiques et interconnectées. Ce sentiment d'exultation ne dure qu'un instant, mais le souvenir est resté en moi depuis.

J'ai besoin de plus de temps avec l'arbre, alors je m'approche. Je veux toucher le tronc et passer mes paumes sur l'intérieur de l'écorce, croyant qu'en le faisant, je pourrais comprendre ma propre mortalité.

Mon objectif grand-angle n'est pas assez large. Je prends huit photos qui se chevauchent et qui seront assemblées en post-traitement pour créer un panorama. La scène qui s'offre à moi dépasse largement ce qui peut être enregistré dans un seul cadre. Je prends quatre expositions verticales en haut, je desserre la rotule, je repositionne l'appareil. Quatre expositions en bas. *Clic, clic, clic*...

Mon esprit, comme l'appareil photo, ne peut pas traiter ce que je vois devant moi en un seul tableau. Puis-je commencer à comprendre la tragédie qui se déroule devant moi, image par image, dans des proportions panoramiques ?

Lorsque Tsitakakoike tombera complètement, les habitants du village se rassembleront sous le nouvel arbre sacré, Tsitakakansa, dont le nom signifie « l'arbre où l'on ne peut entendre la chanson d'un côté à l'autre ». Une fois encore, le chef organisera une cérémonie, cette fois pour célébrer Tsitakakansa et transférer les esprits ancestraux.

Après l'effondrement final du grand baobab, le réseau de relations se poursuivra. Les arbres ne cessent pas de fournir des avantages écologiques lorsqu'ils meurent. Ils continuent à stocker du carbone dans leurs racines. Le bois mort fournit de la nourriture aux insectes et à de nombreuses plantes et animaux qui vivent dans la forêt.

L'arbre continue de servir à quelque chose lorsqu'il se replie dans la terre. La terre se régénère chaque jour. À mesure que l'arbre se détériore, un nouveau paysage se forme. La terre va prendre ce qu'il reste du tronc et le transformer en quelque chose de nouveau.

Mardi 15 janvier

La pluie tombe abondamment pendant la nuit. Nous nous levons de bonne heure pour retourner dans la forêt. Le chef veut me montrer l'arbre qui sera le successeur de Tsitakakoike. Il se trouve à un peu plus d'un kilomètre, à Ankoab. Nous marchons à travers un épais enchevêtrement de broussailles et de végétation. Le sable humide offre le chemin le plus ferme.

Je m'approche de l'arbre en traversant l'eau qui m'arrive jusqu'aux genoux, accumulée par les récentes pluies. À chaque pas, je suis attirée par une vision miraculeuse. Je peux clairement sentir le rayonnement et la magie que cet arbre dégage.

L'arbre comme sanctuaire vivant.

Le tronc, battu par les intempéries, est **un palimpseste vivant**, avec ses cicatrices et ses nombreuses couches d'histoire. De nouveaux chapitres s'écrivent sur les anciens, année après année, siècle après siècle, séparant hier d'aujourd'hui.

Il faut trente-deux pas pour faire le tour de la base, qui fait un peu plus de 27 mètres de circonférence.

Je ferme les yeux et je trace du bout des doigts les zones érodées à la surface de l'écorce. C'est comme **lire du braille**, des inscriptions formées par des nœuds et des crevasses en relief, sculptées par le vent. Les tempêtes, les sécheresses et les inondations à venir laisseront aussi leurs traces.

Une lumière dorée illumine l'écorce. **La main sur le tronc**, je me souviens de mon lien avec le monde naturel comme source d'énergie. Les moustiques pullulent, la chaleur est extrême, mais c'est le paradis. Ici et maintenant, je suis là où je suis censée être.

Je commence à déballer mon matériel photo. Ouverture F11. Je regarde à travers la lentille. Je tourne la bague de mise au point jusqu'à ce que la vue devienne nette et claire. J'accomplis d'avantage en faisant moins. Mon objectif se clarifie.

Je réfléchis comment faire pour réussir un portrait d'arbre. L'angle de la lumière est la première chose à considérer. Comment puis-je retranscrire la **pureté sauvage** et la notion d'échelle ? Comment exprimer l'intimité de mon implication avec le sujet ?

Je passe l'après-midi à la base du tronc, nos ombres s'allongeant ensemble.

Il est maintenant 18 heures, le soleil est bas dans le ciel, et nous devons repartir. Nous sommes en retard, et les hommes sont mal à l'aise à l'idée de voyager dans l'obscurité. Comme la pluie ne menace plus pour l'instant, la bâche de protection a été retirée du chariot. En regardant en arrière, les arbres géants rapetissent puis disparaissent. Nous sommes serrés les uns contre les autres, mais c'est **charmant et mystique** car les nuages s'écartent, et nous sommes guidés par des étoiles brillantes et un croissant de lune haut dans le ciel.

Mercredi 16 janvier

Le temps des arbres.

Nous nous installons dans une sorte de routine qui nous guidera au cours des prochains jours. J'apprends à ralentir. Nous nous levons tôt, allons au village d'Isosa pour récupérer Rekeve, Mbohirahy et Tsimizaotra.

Je passe du temps à explorer la forêt en détail, à photographier d'autres arbres extraordinaires.

Les longues journées requièrent de la subsistance. Nous avons des miches de pain, du fromage et de l'eau. Nous étendons des tissus en coton sur le sol pour les pauses de midi lorsque le soleil est trop fort. Je profite de ce temps pour écrire dans mon journal. Chaque jour, je contemple la beauté des paysages avec un plaisir indicible.

9 h 42

10 h 33

11 h 28

Un baobab sensuel, en forme de poire, est un autre arbre important de la forêt.

Les habitants l'appellent Renialabetroka, ce qui se traduit par « la Mère de la forêt ». Ici, les arbres comptent les années en millénaires.

Samedi 20 janvier

J'ai demandé au chef la permission de passer la nuit dans la forêt. Il demande à quatre hommes du village de rester avec nous par sécurité. J'ai préparé deux tentes pliantes spécialement pour cette soirée. Nous installons le campement près de « la Mère de la forêt ».

Je souhaite photographier l'arbre à la lumière des étoiles. J'installe mon appareil photo pour enregistrer une séquence en continu qui durera toute la nuit. Le soleil est généralement considéré comme la source d'énergie pour la croissance des arbres, mais la lumière des étoiles est également bénéfique. Des études scientifiques m'ont appris que le rayonnement cosmique a un effet profond sur celle-ci. Ce n'est pas surprenant si l'on se rappelle que notre soleil est l'une de ces nombreuses étoiles.

Les nuages sont lourds et j'ai peur que les astres ne soient pas visibles. Reevay m'assure qu'ils vont se dissiper avant minuit. Il montre le ciel du doigt. J'ai des doutes...

Le soleil s'est couché depuis plus de deux heures. Dans cette partie reculée du monde, nous sommes enveloppés dans une obscurité totale. Mes yeux sont ouverts, mais j'ai l'impression qu'ils sont fermés. Je ne vois pas ma main tendue devant moi.

L'air est chaud. Les hommes parlent tranquillement entre eux. Chacun est allongé sur un *lamba*, un simple morceau de tissu souvent enroulé autour des épaules. Seul ce mince tissu de coton sépare leurs corps de la terre.

Je retourne à Tsitakakoike. Au clair de lune, l'arbre brisé devient fantomatique.

(page 61)

Les paroles de Reevay se confirment. Vers onze heures, les nuages commencent à se dissiper tandis que le quartier de lune descend et les premières étoiles apparaissent. Bientôt, la Voie lactée entière est visible, s'étendant au-dessus de nos têtes, d'un bout à l'autre de l'horizon.

Que pouvait-on ressentir en vivant sur cette terre il y a mille deux cents ans ? Comment mieux contempler la vie d'un arbre ancien qu'en le regardant sous les étoiles d'un ciel très sombre ? Je suis émerveillée par ce sentiment d'éternité, un concept que je ne pense pas pouvoir comprendre un jour. Je m'endors en regardant à travers les branches noueuses.

Un son inconnu me tire du sommeil. Je me redresse dans l'obscurité totale et me rappelle que ma lampe frontale est toujours sur ma tête. La peur dure le temps qu'il faut à mes yeux pour s'adapter. Un éclair de lumière illumine une vingtaine de paires d'yeux devant moi. Un troupeau de zébus surpris, à la recherche d'un endroit où s'installer pour la nuit, me regarde fixement.

Le son rythmé des zébus ronflants à proximité me ramène au sommeil.

Intriguée par un autre bruit que j'ai entendu dans la nuit, je demande à Reevay le lendemain matin : « As-tu entendu ? »...

J'imite le faible sifflement. Il fait une pause avant de parler, puis hoche la tête en signe de reconnaissance. « Boa de Madagascar », dit-il. Tout près, les hommes du village sourient.

Je préfère penser qu'il me taquine.

Quand j'étais jeune, je rêvais de visiter l'Afrique. Les lions et les éléphants des plaines du Serengeti me regardaient des pages du magazine Life. Je n'aurais jamais imaginé que, **des années plus tard, je chasserais des arbres en Afrique**.

Je participe à un safari arboricole.

Dimanche 21 janvier

Le matin, nous voyageons sous un ciel gris et lourd, ne voyant aucun signe de civilisation ou d'habitation humaine. Nous ne croisons personne au cours de notre voyage de quatre-vingt-dix minutes jusqu'à ce que nous arrivions à l'entrée de la forêt, où marchent un homme, une femme et leur jeune enfant.

Saluer les étrangers est une coutume. Je souris en disant « Salama ». Effrayée, la jeune fille lève les yeux et se hâte en passant devant nous. Dans ces régions reculées, il est évident qu'**aucun étranger n'est jamais venu**.

L'étroit chemin de terre devant nous est foulé de pieds nus et de sabots de zébu. Après de longues discussions, les hommes ont décidé de prendre un autre itinéraire qui mène à la découverte de nouveaux arbres. À d'autres endroits, la forêt s'ouvre sur des panoramas sans limites. Au loin, je peux voir cinq baobabs massifs, créant une ligne d'horizon africaine au milieu de nulle part. *(pages 70-71)*

Lundi 22 janvier
Dernier jour dans la forêt

En fin de journée, nous nous arrêtons au village d'Isosa pour déposer nos guides. Nous sommes accueillis par de nombreux visages souriants. Je remercie gracieusement les hommes qui ont aidé à nous guider et je dis au revoir aux villageois. Il y a tellement de choses qui vont me manquer ici. En retour, je reçois des adieux affectueux et de nombreux vœux. Je laisse mon matériel de camping à Rekeve. Avec un clin d'œil, je lui demande d'en prendre soin jusqu'à ma prochaine venue.

Mardi 23 janvier

La route est longue de Morombe à Tuléar. Il faudrait en temps normal rouler quatre heures et demie, mais nous en mettrons onze. Les chemins gonflés par la pluie rendent notre progression difficile. Nous passons la nuit à Tuléar.

Mercredi 24 janvier

À une vingtaine de kilomètres de Tuléar se trouve le petit village d'Ifaty-Mangily. Nous nous y arrêtons sur le chemin du retour vers l'aéroport, ce n'est pas très loin.

Je veux visiter un arbre que j'ai photographié lors de ma dernière visite, en 2006. Ce n'est pas souvent que j'ai l'occasion de revoir un arbre, et j'aime particulièrement celui-ci, je suis enthousiaste !

La réserve naturelle de Reniala est une réserve privée de baobabs entretenue par un propriétaire terrien local. On y trouve de nombreux arbres aux formes étranges, mais aucun n'est aussi excentrique que le bien nommé baobab « théière ». Il est intéressant de noter que certains baobabs – arbres connus pour stocker de grandes quantités d'eau – ont la forme de récipients contenant de l'eau, tels que des bouteilles, des théières et des cruches. Ces arbres sont endurants et restent souvent de longues périodes sans pluie. Le baobab « théière » pourrait stocker plus de **cent vingt mille litres d'eau dans son tronc** massif, mesurant quatorze mètres de diamètre.

Je marche le long du chemin sablonneux qui guide les visiteurs à travers la réserve, me rappelant d'autres arbres que j'ai vus lors de ma précédente visite. Avec impatience, je tourne un dernier virage, me demandant si je serai capable de détecter une augmentation de sa taille.

Devant moi se trouve un grand monticule de fibres de bois. Je vérifie à nouveau le chemin. Ai-je pris un mauvais virage ?

Un guide de la réserve m'informe qu'après mille deux cents ans, l'arbre s'est effondré. Je suis debout et je regarde fixement, incrédule. C'est tout ce qui reste. Après de longues années de sécheresse, il n'y a pas eu assez de pluie pour alimenter l'arbre.

Des pierres ont été placées autour des vestiges, formant une frontière circulaire. J'imagine que chaque pierre représente un souhait ou une prière.

Des pierres blanches sur du sable rouge.

Un cercle de prière avec des pierres.

Une forme se transforme en une autre. Je photographie les restes en silence. En partant, je tiens dans ma main un petit morceau d'écorce.

En gage de preuve.

Je veux me souvenir.

Jeudi 25 janvier

Cela fait presque trois semaines que j'ai quitté New York. Je suis assise à l'aéroport de Tuléar, attendant de prendre un vol à 15 h 30. Il y a un vol par jour. Il est maintenant 15 h 20 et il n'y a aucun signe d'avion dans ce tout petit aéroport. Je me souviens du surnom de la compagnie aérienne : *Mad Air*.

À 15 h 25, un avion atterrit. Les gens descendent, et nous embarquons à 15 h 35. C'est cela Madagascar, efficacité, et je m'émerveille de cette simplicité.

Assise dans l'appareil, j'examine mes mains et mes pieds chaussés de sandales, et bien que je me sois douchée soigneusement, je peux encore voir des traces de sable rouge. Je ferme les yeux et je peux voir le chef. Il est **au pied de l'arbre chantant**, frottant de la boue dans une crevasse de l'écorce. La boue et ses prières silencieuses sont destinées à protéger l'arbre. Je me demande combien de temps il sera en sécurité.

Ce pays a une façon de s'insinuer sous votre peau. Il fait son chemin dans votre psyché, petit à petit. Ce qui commence dans vos pensées finit dans votre cœur, où il réside. Je quitte cette île en sachant que le plus simple est le mieux, ici et maintenant, et c'est ce qui compte vraiment.

Dans *A Field Guide to Getting Lost*, Rebecca Solnit écrit :

how will you go about finding that thing
the nature of which is totally unknown to you?
suspended in the beautiful solitude of an open road,
when the blue is deepest on the horizon
a joy close to pain.
every love has its landscape,
as a place possesses you in its absence,
takes on another life as sense of place,
a faraway deep inside

comment allez-vous faire pour trouver cette chose
dont la nature vous est totalement inconnue ?
suspendu dans la belle solitude d'une route ouverte,
quand le bleu est le plus profond à l'horizon
une joie proche de la douleur.
chaque amour a son paysage,
comme un lieu qui vous possède en son absence,
prend une autre vie en tant que sens du lieu,
un lointain au fond de soi

BOTSWANA ET AFRIQUE DU SUD

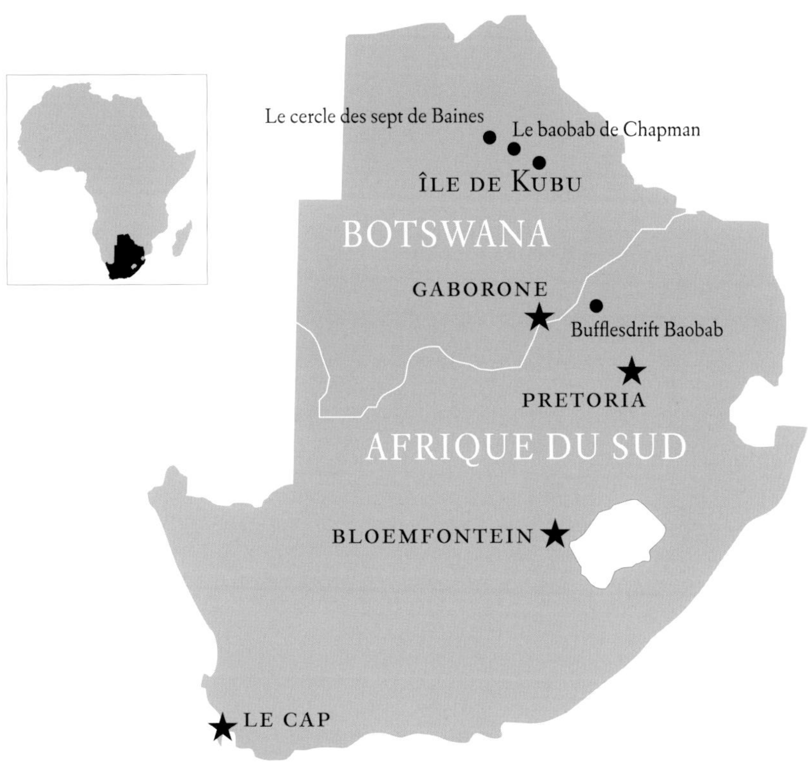

Hendri, mon guide sud-africain, me dit qu'il ne circule jamais sur les autoroutes du Botswana après la tombée de la nuit. Il n'y a pas de glissières de sécurité pour protéger les animaux. Nous profitons de la journée et partons à l'aube. Quatre emplacements d'arbres marqués sur la carte signifient que nous allons parcourir environ quarante mille kilomètres au cours des prochaines semaines.

En 2013, je me suis tenue devant cet énorme arbre, connu sous le nom de **baobab de Chapman**, et je me suis émerveillée de sa force et de sa vigueur ; sur les branches massives germent des pousses vertes et feuillues, là où sept troncs cohabitent comme un seul. Un panneau métallique marquait cet endroit comme un monument national. *(page 80)*

Le 7 janvier 2016, un fermier local a entendu un fracas rugissant à travers le Kalahari, et dans un puissant craquement, l'arbre est tombé et a emporté avec lui un morceau remarquable d'histoire naturelle.

Il faut prendre des dispositions particulières pour visiter l'île de Kubu, car elle est très éloignée, mais Hendri est prêt – il y est déjà allé. Dans nos provisions, nous avons deux bidons d'eau de 20 litres et un grand jerrican d'essence. Nous passons la majeure partie de la journée à travers le pan de Makgadikgadi, l'un des plus grands bassins de sel du monde. Sans routes ni panneaux pour nous diriger, Hendri navigue à la boussole. Il comprend les nuances de ce néant infini qui s'étend dans toutes les directions.

Nous arrivons à l'île de Kubu alors que le soleil est bas dans le ciel. On parle d'une île, mais l'ancien lac Makgadikgadi qui l'entourait s'est évaporé il y a des millénaires. Il y a juste assez de lumière pour installer le camp et faire le tour de l'île. Rien ne m'a préparée à la vision qui s'offre à moi : je vois de nombreux baobabs aux formes fantastiques qui émergent de rochers de granit rose et très peu de terre.

Les logements sont modestes et simples, avec des douches à seau et des toilettes à fosse, mais les vues panoramiques sont époustouflantes. Le peuple Khoe qui vit dans la région tient le site pour sacré, et l'île est considérée comme un monument national.

Au moment de partir, le troisième matin, je prends une dernière image, un panorama de huit photos verticales. Nous devons partir rapidement, car une violente tempête souffle sur nous. Nous rangeons l'équipement juste à temps.

(pages 84-85)

L'un des groupes de baobabs les plus emblématiques d'Afrique, connu sous le nom de **cercle des sept de Baines**, se détache de l'horizon lointain. Situés au sud du parc national de Nxai Pan, ces arbres ont été célébrés dans une peinture de Thomas Baines, un paysagiste britannique qui a campé sous eux en 1862. Je suis curieuse de comparer les arbres avec leur représentation peinte et je constate que peu de choses ont changé au fil des ans. Il est intéressant de noter que, bien que l'un des arbres soit tombé, il semble en bonne santé et continue de produire des pousses feuillues, comme dans la peinture.

Le **Bufflesdrift Baobab**, un arbre massif situé près de Lephalale, dans le Limpopo, est l'un des cinq plus grands baobabs d'Afrique du Sud.

SÉNÉGAL

Le Sénégal est un pays fascinant et dynamique. Les Sénégalais ont une place particulière dans leur cœur pour le baobab – il est très apprécié. Avec le lion, cet arbre est le symbole national du pays. De nombreux villages et communautés ont été construits autour de grands baobabs, qui marquent la place publique centrale.

Aujourd'hui, cependant, les baobabs du Sénégal sont menacés par le changement climatique et l'urbanisation. J'en vois la preuve en descendant la côte depuis la capitale, Dakar. Bandia, l'une des plus belles forêts de baobabs du Sénégal, est progressivement dévorée par les carrières de calcaire.

Après un trajet poussiéreux, je me trouve devant **le baobab de Samba Dia**, près du village de Diyabougou : l'un des plus grands baobabs du pays. La circonférence exceptionnelle de son tronc, qui mesure près de 30 mètres, confère un statut de célébrité à cet arbre, qui reçoit des invités de tous horizons.

Il y a plus de cinq cents ans, l'arbre a pris racine dans un sol fertile et a produit de grandes branches horizontales qui portent aujourd'hui des milliers de gousses.

Un homme est fier de me montrer la chambre intérieure de l'arbre. Il m'indique une petite ouverture claustrophobique à hauteur de la taille à l'arrière de l'arbre et m'encourage à y grimper. C'est comme entrer dans un labyrinthe ; un chemin étroit s'enroule autour, pour finalement déboucher sur le centre creux du tronc. Cet espace transcendant est sombre et terreux, faiblement éclairé par une lumière filtrée qui passe par une petite fente au-dessus de moi. Je pose ma main sur le tronc. Il est aussi lisse qu'une pierre polie et frais au toucher.

Lorsque mes yeux s'habituent à l'obscurité, je lève la tête et remarque des centaines de chauves-souris endormies suspendues au plafond voûté. Lorsque l'arbre produit ses grandes fleurs blanches d'octobre à décembre, ces chauves-souris boivent le nectar et pollinisent les fleurs.

Je décide de revenir le lendemain avant le lever du soleil, en espérant avoir du temps, seule avec l'arbre. Après avoir choisi le meilleur angle, j'installe mon trépied et j'attends la lumière du matin, alors qu'un garçon s'approche en charrette pour se rendre dans les champs de cacahuètes à proximité.

Les griots sont un élément important de la culture ouest-africaine. Ces conteurs et musiciens itinérants conseillent les souverains et préservent l'histoire orale. Par le passé, leur renommée leur garantissait une sépulture dans un baobab sacré, jusqu'à ce que cette pratique soit interdite en 1962 par décret présidentiel. Les locaux continuent de qualifier de sacrés les arbres qui étaient autrefois des tombes. C'est le cas de cet arbre où j'ai trouvé des ossements d'animaux dans le tronc creusé – peut-être une façon de **perpétuer l'esprit de la tradition**.

De nombreux baobabs servent d'habitat aux chauves-souris. Lorsque l'arbre est en fleurs, les chauves-souris les pollinisent, une relation mutuellement bénéfique. En installant mon trépied pour prendre cette photo, j'ai remarqué un python, bien positionné sous les chauves-souris endormies sur le tronc de l'arbre.

Village pittoresque et endormi, Nianing se trouve à une heure au sud de Dakar, sur la côte ouest. Le plus grand arbre, au centre du village, porte des marques sur son tronc. Mon guide me dit que les prêtres et les griots avaient l'habitude d'inscrire sur les baobabs sacrés des marques secrètes, religieuses ou politiques, composées de traits verticaux et de points. Ces arbres gravés sont connus en wolof sous le nom de *guy mbind*, le baobab de l'écriture. Pendant trois après-midi, à l'approche du crépuscule, j'installe mon appareil photo tout en observant la vie du village autour de moi. J'entends au loin le son des tambours, parfois des chants, et les feux de cuisine en plein air donnent à cet endroit un air de famille.

(pages 106-107)

Cet arbre est considéré comme divin par les habitants du village de Warang. Son écorce est constellée de centaines de clous. Les villageois rendent visite à **un guérisseur traditionnel qui écrit leurs espoirs et leurs souhaits sur un papier**. Le papier est plié en un petit paquet, attaché avec du fil et cloué sur le tronc.

ÉTUDE DES PLUS ANCIENS ET DES PLUS GRANDS BAOBABS D'AFRIQUE

Par Adrian Patrut

Le nom scientifique du baobab, également appelé « arbre à l'envers » ou « arbre à pain de singe », est *Adansonia*, en l'honneur du botaniste français Michel Adanson qui a fourni, au XVIIIe siècle, la première description scientifique du baobab lors de ses voyages au Sénégal. Le genre *Adansonia* contient huit espèces, dont la plus répandue et la plus connue est le baobab africain, *Adansonia digitata*. Le baobab africain a une répartition naturelle en Afrique continentale entre les latitudes de 16° N et 26° S, soit à peu près entre le Sénégal et le nord de l'Afrique du Sud. On le trouve également sur les îles africaines et dans diverses zones tropicales hors d'Afrique où il a été introduit.

En 2005, une équipe internationale dirigée par des chercheurs roumains a lancé un projet approfondi visant à étudier l'architecture, la croissance et l'âge du baobab africain. Nous espérions répondre à quelques questions clés :

Pourquoi presque tous les grands baobabs, vraisemblablement vieux, ont-ils des troncs très irréguliers, alors que la plupart des jeunes baobabs ont des troncs presque cylindriques ?

Pourquoi certaines grandes cavités des baobabs sont-elles tapissées d'écorce, alors que d'autres ne le sont pas ?

Quelle est la durée de vie maximale d'un baobab ? Se mesure-t-elle uniquement en siècles, ou peut-elle dépasser le millier d'années ?

Ces questions, si importantes pour comprendre le baobab, n'avaient pas de réponse, scientifiquement vérifiées. Les recherches antérieures s'étaient concentrées sur les baobabs à tronc unique, qui représentent une petite minorité des arbres matures. Le problème des deux types de cavités internes n'était même pas mentionné dans la littérature scientifique.

Nous avons décidé de concentrer nos recherches sur les individus les plus grands et potentiellement aussi les plus anciens. Ces arbres jouent non seulement de nombreux rôles dans l'écosystème, mais sont également des monuments vivants et des témoins de l'histoire. Ils ont souvent servi de destinations et de points de repère pour les populations locales, et certains ont été visités et décrits par les premiers explorateurs européens. Parmi les exemples notables, citons Dorslandboom, Ombalantu et Okahao en Namibie, le baobab de Chapman, le baobab de Green, le cercle des sept de Baines et l'arbre de la prison de Kasane au Botswana, le Big Tree aux chutes Victoria au Zimbabwe, Leydsdorp en Afrique du Sud et Gouye Ndiouly au Sénégal. Le plus célèbre d'entre eux est sans doute le baobab de Chapman, érigé monument national situé sur la route des Missionnaires, dans les salines du centre du Botswana. Le baobab de Chapman est tombé subitement en janvier 2016, l'image de ses six grands troncs couchés au sol dans trois directions différentes est l'une des plus spectaculaires de l'histoire des arbres monumentaux.

L'âge et le taux de croissance des arbres peuvent être déterminés en comptant les cernes de croissance annuels ou saisonniers. Mais cela n'est pas possible pour de nombreux arbres tropicaux, dont le baobab africain. Ses cernes de croissance ne sont pas strictement saisonniers et les plus grands spécimens, en particulier ceux qui possèdent de grands creux, peuvent ne pas présenter une séquence continue d'anneaux dans leurs troncs. La seule méthode permettant de dater avec précision ces arbres est la datation au carbone 14 (ou radiocarbone).

Avant nos recherches, les baobabs n'étaient datés au carbone 14 qu'à partir d'échantillons provenant de bois d'arbres morts, qui se décomposent rapidement. Notre méthode, en revanche, nous permet de dater des arbres vivants et debout. Nous utilisons une tarière pour prélever de fines carottes sans blesser les arbres, puis nous datons les échantillons au carbone 14 au moyen d'un spectrométrie de masse par accélérateur (AMS). En datant différentes sections d'une même carotte et en prélevant plusieurs carottes de différentes parties de l'arbre, nous pouvons reconstituer sa croissance et son développement.

Nos recherches ont révélé que l'architecture des grands baobabs africains est bien plus complexe qu'on ne le pensait. Tout d'abord, tous les grands baobabs – ceux dont la circonférence dépasse quinze mètres – ont plusieurs troncs, ce qui explique leur aspect complexe et irrégulier. Les jeunes baobabs commencent généralement avec un seul tronc, mais ils génèrent périodiquement de nouvelles tiges en vieillissant, tout comme d'autres espèces d'arbres produisent des branches. Les nouvelles tiges émergent des racines où d'autres troncs sont tombés. Les détenteurs du record sont les baobabs de Warang et de Lalam, tous deux au Sénégal, qui ne possèdent respectivement pas moins de dix-huit et quatorze troncs fusionnés, issus de plusieurs générations.

Certains troncs apparents des grands baobabs sont en fait de faux troncs. C'est-à-dire qu'ils ne poussent pas à partir des racines de l'arbre ou d'une branche tombée au sol, mais latéralement à partir d'un autre tronc. Ces faux troncs poussent très rapidement et servent d'ancrage, surtout dans les sols sablonneux. Ils ont une section horizontale trapézoïdale ou triangulaire et peuvent atteindre une longueur horizontale de plus de cinq mètres. Certains baobabs ont deux faux troncs adjacents qui forment un V avec une ouverture de trente à soixante degrés. Les spécimens qui en présentent le plus sont encore une fois les baobabs sénégalais de Warang et de Lalam, qui en possèdent six chacun.

Nous avons constaté que les multiples troncs des grands baobabs africains sont généralement disposés en formation circulaire ou elliptique que nous avons baptisée structure en anneau ou RSS (de l'anglais *ring-shaped structure*). Cette structure, qui est unique au genre *Adansonia*, permet au baobab d'atteindre une taille et une longévité impressionnantes. Le type de RSS le plus courant est la RSS fermée, dans laquelle les tiges fusionnent presque parfaitement, créant un espace vide appelé « fausse cavité ». Les datations au radiocarbone révèlent que les RSS se forment progressivement et se ferment au fil du temps ; elles sont généralement constituées de trois à huit tiges appartenant à plusieurs générations. Certains spécimens présentent également des tiges supplémentaires à l'extérieur de l'anneau.

La découverte de la structure annulaire a également permis d'expliquer pourquoi certaines cavités des baobabs sont recouvertes d'écorce et d'autres non. Celles non recouvertes d'écorce sont des cavités normales, comme celles que l'on trouve dans les grands arbres anciens de nombreuses espèces ; elles se forment lorsque le bois est éliminé par des facteurs tels que la pourriture, le feu, les dégâts causés par les éléphants et l'activité humaine. En revanche, les cavités tapissées d'écorce sont les fausses cavités formées lorsque les troncs d'une RSS (structure fermée en anneau) poussent ensemble. Les fausses cavités ont des formes plus régulières que les normales, et commencent au niveau du sol. Elles sont aussi plus grandes et plus hautes que les autres, de trois à huit mètres au lieu de un à trois mètres. Et, alors que les cavités normales s'agrandissent avec le temps, au fur et à mesure que le bois se décompose ou est retiré, les fausses cavités s'amenuisent au fur et à mesure que les troncs qui les entourent grandissent. Certaines fausses cavités se ferment presque complètement, ne laissant que de petites ouvertures.

La datation au carbone 14 confirme la distinction entre les cavités normales et les fausses cavités. Dans les échantillons prélevés dans des cavités normales, les valeurs d'âge diminuent continuellement depuis les parois de la cavité jusqu'à l'extérieur de l'arbre. En revanche, dans les échantillons prélevés dans de fausses cavités, les valeurs d'âge augmentent depuis les parois de la cavité jusqu'à une certaine distance dans le bois, puis diminuent jusqu'à l'extérieur de l'arbre. En d'autres termes, le bois le plus jeune des troncs entourant la fausse cavité se trouve sur les bords extérieurs, comme on pouvait s'y attendre. (Il est intéressant de noter que le bois le plus ancien est en fait plus proche de la paroi de la fausse cavité que de l'extérieur de l'arbre, ce qui suggère que les tiges de la structure en anneau poussent plus lentement du côté faisant face à la fausse cavité).

La datation au carbone 14 nous a également permis d'identifier un autre phénomène propre aux baobabs africains : l'arrêt de croissance. On s'attendrait à ce que les cernes les plus externes de l'arbre, juste sous l'écorce, soient très jeunes, mais dans certains cas, ils se sont révélés vieux de plusieurs centaines d'années, indiquant que l'arbre avait cessé de croître depuis longtemps. Cet arrêt de croissance peut affecter l'arbre entier ou des troncs individuels. Il peut être induit par le stress lié à des conditions climatiques sévères ou par la vieillesse. Dans tous les cas, les baobabs peuvent survivre sans croître pendant des siècles, en continuant à produire des feuilles, des fleurs et des fruits. Le tronc qui a survécu le plus longtemps après l'arrêt de sa croissance appartenait à l'historique Dorslandboom de Namibie. Ce tronc (double) a survécu à l'arrêt de croissance pendant environ 675 ans, jusqu'à ce qu'il s'effondre et meure en 2006 à l'âge de plus de 2 000 ans.

Ce tronc extraordinairement ancien nous ramène à la question de la longévité du baobab africain. Compte tenu de la taille impressionnante de certains spécimens, on pensait que le baobab africain pouvait être l'angiosperme (plante à fleurs) ayant la plus grande longévité. Cependant, avant le début de nos recherches, les données disponibles sur l'âge des baobabs nous avaient souvent induits en erreur.

Plusieurs études indiquent que l'on dénombre plus de cent millions de baobabs africains. L'âge maximal de la plupart des baobabs est de 200 à 300 ans, et seulement 10 % d'entre eux atteignent 400 à 500 ans. Seul un très faible pourcentage vit plus d'un demi-siècle, et quelques-uns seulement vivent 1 000 ans ou plus. D'après nos résultats de datation au carbone 14, en 2005, il y avait dans le monde treize baobabs africains de plus de 1 250 ans, tous situés en Afrique australe. Neuf avaient plus de 1 500 ans, trois plus de 2 000 ans et un environ 2 500 ans. Il est peu probable que d'autres baobabs de plus de 1 250 ans n'aient pas encore été découverts.

Panke, un arbre situé dans le Matabeleland, au nord du Zimbabwe, qui servait de sanctuaire aux faiseurs de pluie, a fourni l'échantillon le plus ancien, avec un âge de 2 450 ans. Cela fait de Panke le plus ancien baobab et angiosperme connu. Malheureusement, tous les troncs de ce baobab sacré ont basculé successivement et sont morts en 2010 et 2011. Comme indiqué, l'un des troncs du Dorslandboom en Namibie avait plus de 2 000 ans, tout comme un tronc du Glencoe en Afrique du Sud, récemment tombé. Actuellement, le plus vieux spécimen dont les troncs sont vivants et debout est le baobab Humani-Bedford de la vallée de Savé, au Zimbabwe. Il a entre 1 600 et 1 800 ans, soit presque un millénaire de moins que Panke.

Les plus grands baobabs du nord de l'Afrique sont plus jeunes que ceux d'Afrique australe. Le plus ancien, avec un âge d'environ 1 000 ans, est Gouye Ndiouly, le « baobab sacré des circoncis » à Kahone, au Sénégal. La différence d'âge entre les spécimens de taille comparable du nord et du sud de l'Afrique semble être liée aux conditions de croissance. Les plus grands baobabs sénégalais sont situés le long ou à proximité de la Petite Côte (au sud de Dakar, entre la presqu'île du Cap-Vert et le Sine-Saloum), dans une zone où la population de baobabs est dense. Les sols calcaires et volcaniques de cette région sont idéaux pour cet arbre, qui est une espèce calciphile (ou calcicole). En poussant sur ces sols, les baobabs du Sénégal peuvent atteindre de grandes tailles et une architecture complexe beaucoup plus rapidement que ceux d'Afrique australe ; par conséquent, leur cycle de vie est considérablement plus court.

La croissance plus lente des baobabs d'Afrique australe leur permet également d'atteindre des tailles plus importantes. Le baobab Platland d'Afrique du Sud détient le record du volume de bois, avec cinq cents mètres cubes, tandis que le record de la circonférence appartient à Holboom en Namibie, avec trente-cinq mètres. Ces deux arbres ont été gravement endommagés et partiellement renversés ces dernières années.

En 2018, nous avons rapporté le fait saisissant qu'entre 2005 et 2017, neuf des treize plus vieux et cinq des six plus grands baobabs africains sont morts entièrement ou ont perdu leurs troncs les plus anciens et/ou les plus grands. La disparition des baobabs remarquables représente l'une des preuves les plus significatives de l'accélération du changement climatique qui affecte particulièrement l'Afrique australe.

Il est intéressant de noter que ce sont les baobabs eux-mêmes qui nous permettent de comparer les changements climatiques actuels à ceux du passé. Le bois des anciens baobabs est l'un des meilleurs proxies climatiques (enregistrements indirects des conditions météorologiques passées) pour l'Afrique australe. Les données climatiques reconstituées à partir des baobabs anciens montrent qu'ils ont subi des anomalies pluviométriques positives et négatives pendant des décennies au cours de la période de réchauffement médiéval (900-1400 après J.-C. en Afrique australe) et du petit âge glaciaire (1500-1800 après J.-C. en Afrique australe) – et les précipitations récentes restent dans la fourchette de la variabilité passée. Cependant, l'augmentation récente de la température en Afrique subsaharienne est sans précédent dans la vie des plus anciens baobabs existants. Nous pensons que cette augmentation de température a diminué la capacité des anciens baobabs à survivre aux périodes de sécheresse.

En 2013, nous avons étendu nos investigations aux trois espèces de baobabs malgaches les plus représentatives et les plus répandues, qui totalisent ensemble quelque cinq millions d'individus : le fony (*Adansonia rubrostipa*), le za (*Adansonia za*) et le baobab de Grandidier (*Adansonia grandidieri*). Récemment, nous nous sommes concentrés sur le baobab Grandidier en particulier. Également appelée « reniala » (ou « mère de la forêt » en masikoro), cette espèce est classiquement décrite comme un grand arbre au tronc colonnaire et à la cime plate dont les grandes branches s'étendent presque horizontalement. Cependant, les dimensions et la forme des baobabs Grandidier matures diffèrent selon les endroits. Les spécimens autour de Morondava sont grands et minces, les baobabs dits « bouteilles » près d'Andavadoaka ressemblent à des nains dodus, et les arbres de la forêt d'Andombiry possèdent des troncs très massifs. Cette dernière forêt, près de Morombe, abrite six mille individus matures, dont plus de trente ont une circonférence supérieure à vingt mètres.

Même si leurs formes sont différentes, les baobabs Grandidier présentent de nombreuses similitudes avec le baobab africain. La plupart des très grands baobabs sont multituberculés, avec une structure annulaire ou RSS (*ring-shaped structure*) fermée. Cependant, les RSS fermées des baobabs de Grandidier ont une forme plus régulière que celles des baobabs africains : ils peuvent être cylindriques ou ressembler à un œuf à fond plat ou à une cloche de verre. La datation au carbone 14 révèle que les tiges qui composent la structure annulaire ont généralement des âges similaires. Les fausses cavités sont tapissées d'écorce et peuvent avoir une ou plusieurs ouvertures ; dans certains cas, toutes les ouvertures sont fermées par fusion.

Nous avons été surpris d'apprendre, grâce à nos mesures au laser, que les plus grands baobabs de Grandidier ont un plus grand volume de bois que les plus grands baobabs africains. En effet, les trois plus grands baobabs du monde, avec des volumes supérieurs à cinq cents mètres cubes, sont tous situés dans la forêt d'Andombiry : le Grand Reniala d'Isosa, Tsitakakoike et Tsitakakantsa.

Comme pour le baobab africain, plusieurs des plus imposants baobabs de Grandidier ont été renversés et sont morts ces dernières années. Après trois années sans pluie, Tsitakakoike s'est brisé et s'est partiellement effondré en janvier 2018, lorsque le cyclone Ava a frappé la région à une vitesse de près de deux cents kilomètres par heure.

L'effondrement partiel de Tsitakakoike a ouvert une énorme cavité, d'un volume de cent soixante-quinze mètres cubes. En mai 2019, l'arbre s'est effondré complètement et est mort. Tsitakakoike avait été le baobab sacré du village d'Andombiry, et les habitants ont organisé une cérémonie au cours de laquelle ils ont brûlé ses restes et transféré son âme à un autre baobab devenu sacré. « Le roi est mort, vive le roi ! » Le nouveau baobab sacré, situé à seulement 1,2 kilomètre de là, est Tsitakakantsa (qui se traduit en masikoro « si l'on chante dans l'une des faces du baobab, on n'entend pas le chant de l'autre »). Sa circonférence est encore plus grande que celle de Tsitakakoike avec 28,90 mètres contre 27,36 mètres.

D'après les résultats de la datation au carbone 14, Tsitakakoike était le plus vieux baobab de Grandidier, mort à l'âge de 1 400 ans. Cependant, le plus vieil arbre malgache daté, avec un âge de 1 600 ans, est un baobab fony beaucoup plus petit, appelé « Grand-mère », qui pousse dans le parc de Tsimanampetsotsa.

Les arbres remarquables comme les baobabs que notre équipe a étudiés sont importants pour maintenir la structure et la fonction des écosystèmes. Ils contribuent à la biodiversité et peuvent également aider à atténuer le changement climatique en accumulant du carbone. Les baobabs sont également une ressource naturelle importante, avec plus de trois cents utilisations documentées. Leurs gousses sont considérées comme un fruit avec un grand potentiel pour assurer la sécurité alimentaire et lutter contre la malnutrition, et leurs feuilles et fleurs sont également comestibles. Plusieurs parties de l'arbre sont utilisées en médecine traditionnelle. L'écorce est une source de fibres, et les racines peuvent donner une teinture rouge. Cependant, la culture et la conservation des baobabs sont rendues plus difficiles non seulement par le changement climatique mais aussi par le faible inventaire de leurs populations. Pour des conditions de germination optimales, les graines du baobab africain doivent passer par l'intestin d'un animal et être déposées avec ses excréments, mais les semis sont vulnérables aux éléphants et autres animaux de pâturage. À Madagascar, les habitats naturels sont fragmentés et dégradés par des pratiques agricoles non durables et d'autres types de perturbations humaines, ce qui a un impact tant sur les baobabs que sur les espèces qui les pollinisent. Par exemple, une fécondation efficace de la fleur éphémère du baobab de Grandidier nécessite au moins trois visites de Sphinx du troène (papillon nocturne).

Dans ce livre, Beth Moon, une grande amoureuse de la nature et des arbres anciens, présente de magnifiques images des baobabs monumentaux d'Afrique continentale et de Madagascar. Ses photographies transmettent ce que les faits objectifs de cet essai ne peuvent transmettre, à savoir la présence et l'aura de ces géants – des trésors vivants qui sont, malheureusement, confrontés à une menace mortelle.

REMERCIEMENTS

Les plus grands remerciements vont aux amis extraordinaires qui m'ont fait découvrir leur pays, leur culture et leur famille. Ils ont été des guides, des chauffeurs et des traducteurs. Sans leur sens de l'orientation, leur sagesse et leur bonne humeur, ce travail n'existerait pas. Je remercie de tout cœur Hendri Ventner, Mamadou Falltop, Jean Michel Leong et Rakotonarivo Mandrisoa Harison.

J'apprécie beaucoup les traditions et les coutumes du peuple Masikoro de Madagascar et leur rôle de gardiens de certaines des plus anciennes forêts de baobabs. Je remercie tout particulièrement le chef Botiharo qui m'a permis de photographier les arbres, ainsi que les habitants du village d'Isosa, notamment Mbohirahy, Rekeve et Tsimizoatra.

Ma gratitude va au professeur Adrian Patrut pour ses années de recherche et sa générosité dans le partage des informations. Son essai perspicace élargit le dialogue et met en lumière des informations essentielles.

C'est un véritable privilège de travailler une fois de plus avec l'équipe formidable d'Abbeville Press : Bob Abrams, David Fabricant, Misha Beletsky, Louise Kurtz et Amy Hughes. Je leur suis reconnaissant pour leur expertise et le temps qu'ils ont investi dans ce livre.

Je suis très reconnaissant aux nombreux amis et galeristes qui ont soutenu mon travail. Merci à Arnaud Adida, Marcella Brandimarti et Pablo di Giulio, Lisa Dolby Chadwick, Alison Collins, Neil Folberg, Anne Kelley et Rixon Reed, Lorenza Salamon, et François Hisquin, Barry Brukoff, Kathy Dennison, Benny Trickett, Fiz Oliver, Raymond Meeks, et Aubrey Powell.

Enfin, et ce n'est certainement pas le moins important, je tiens à exprimer toute ma gratitude à Peter, Dylan, Isabel et Alexandra. J'ai la chance d'avoir une famille si compréhensive et qui me soutient merveilleusement.

Merci à tous !

1er de couverture : Baobabs près d'Ankoabe, Madagascar. Voir pages 30-31.

4e de couverture : Tsitakakantsa, forêt d'Andombiry, Madagascar. Voir page 45.

Autorisations

Extrait de Today, Another Universe tiré de Ledger de Jane Hirshfield © 2020 Jane Hirshfield. Utilisé avec l'autorisation de Alfred A. Knopf, une division de Penguin Random House LLC. Tous droits réservés.

Éditeurs : David Fabricant et Amy Hughes (www.abbeville.com)
Conception graphique : Misha Beletsky
Responsable de la production : Louise Kurtz

Éditeur pour la version française : Jean-Pierre Duval
Correction et relecture : Harmonie Marie

 Le texte de ce livre a été réalisé avec la police Eldorado. Imprimé en Chine.

ISBN 978-2-37375-114-7
Dépôt légal octobre 2021

AGENCE MUSEO
www.museo-editions.com
www.museo-expositions.com
www.museo-films.com

FONDS DE DOTATION MUSEO
www.fonds-museo.org